番茄作物的良好农业规范

Good agricultural practices for tomato crops

李云龙　王　胤　孙　海　张艳萍 ▣ 主编

中国林业出版社
China Forestry Publishing House

图书在版编目(CIP)数据

番茄作物的良好农业规范 / 李云龙等主编. -- 北京:中国林业出版社, 2017.12（2019.11重印）

ISBN 978-7-5038-9408-4

Ⅰ. ①番… Ⅱ. ①李… Ⅲ. ①番茄－蔬菜园艺－技术规范
Ⅳ. ①S641.2-65

中国版本图书馆CIP数据核字(2018)第007759号

责任编辑　何增明　孙　瑶　邱　端
出版发行　中国林业出版社
（100009 北京市西城区德内大街刘海胡同 7 号）
网　　址　www.lycb.forestry.gov.cn
电　　话　(010) 83143517
印　　刷　固安县京平诚乾印刷有限公司
版　　次　2018 年 3 月第 1 版
印　　次　2019 年 11 月第 3 次
开　　本　880mm × 1230mm　1/32
印　　张　2.25
字　　数　58 千字
定　　价　58.00 元

番茄作物的良好农业规范

编委会

前言

PREFACE

在蒙特利尔议定书多边基金和意大利政府的资助下，国家农业部、环境保护部、联合国工业发展组织于2008年5月共同启动实施了“农业行业甲基溴淘汰项目”，旨在通过开展农业甲基溴替代技术的培训、示范、宣传和推广等一系列活动，让农民接受甲基溴替代技术，从而逐步在中国农业行业淘汰甲基溴。

我国是番茄生产大国，番茄制品以初加工产品为主，现已成为世界最大的番茄酱出口国。但很多地区由于多年重茬种植番茄导致土传病害问题突出，为减少土传病害造成的损失，保障产量。番茄定植前进行土壤消毒已成为生产中一项重要的技术措施，应用面积不断扩大。2014年起作者承担了“农业行业甲基溴淘汰项目”中的子项目“作物良好农业规范制作”，在研究当前土壤消毒技术进展的基础上，在北京郊区开展了太阳能消毒、辣根素生物熏蒸、臭氧处理、无土栽培等非化学替代技术，以及氯化苦、棉隆等化学替代技术的示范，较好地控制了土传病害的发生和危害，为替代甲基溴提供了多种土壤消毒选择方式。

按照国家标准GB/T 20014《良好农业规范》的要求，作者针对番茄生产特点，选取规模化番茄生产基地，对土壤管理、种苗处理、栽培管理、灌溉与施肥、病虫害控制、采收、生产记录、销售、环境卫生、废弃物管理、工人健康等关键控制点进行了符合性规范田间示范和信息收集。

本书在总结生产实践经验的基础上，参阅了国内外有关文献，详细介绍了番茄种植良好农业规范的控制点与符合性生产技术和管理要求，可为番茄生产企业和农民朋友提供参考，也可供广大农业技术人员查阅使用。

本书的编写和出版，得到了农业部科技教育司、农业部农业生态与资源保护总站、环境保护部环境保护对外合作中心、中国农业科学院植物保护研究所等有关单位领导和专家的大力支持及蒙特利尔议定书多边基金资助，得到北京市创新团队果类蔬菜团队项目、农业部蜜蜂授粉和病虫害绿色防控技术集成示范项目的支持。在此深表感谢！

由于作者水平有限，书中难免有错漏之处，敬请读者批评指正。

作者

2017 年 11 月 3 日

目录

CONTENTS

第一章 番茄作物概述

一、番茄的起源和营养价值

（一）番茄的起源与传播

番茄（*Lycopersicon esculentum* Miller），为茄科番茄属植物，又名“西红柿”“洋柿子”“番柿”等，原产于南美洲西部的秘鲁、玻利维亚、厄瓜多尔、智利等热带地区，在原产地至今还可找到几乎全部的野生种。番茄最早由印第安人带到了北美洲南部；16 世纪，欧洲的航海家将番茄从美洲大陆带到了地中海沿岸，首先在英国、西班牙、法国、意大利等国种植；17 世纪，番茄开始向亚洲传播，首先由葡萄牙人传到东南亚，再传入中国；18 世纪，番茄传入俄国、美国、日本等国家。我国清代的《广群芳谱》中这样描述番茄：“一名六月柿，茎似蒿，高四、五尺，叶似艾，花似榴，一支结五实或三、四实，一树二、三十实……草本也，来自西番，故名番柿。”

（二）番茄的营养价值

番茄果实中含有大量的营养物质，主要包括可溶性糖、维生素、有机酸、蛋白质等。在 4.3%～7.7% 的干物质中，糖分为 1.8%～5.5%，有机酸（主要是柠檬酸）0.15%～0.75%、蛋白质 0.7%～1.3%、纤维素 0.6%～1.6%、矿物质 0.5%～0.8%、果胶物质 1.3%～2.5%，脂肪的含量很少，仅有0.2%～0.3%。番茄富含多种维生素，包括维生素A、B_1、B_2，特别是维生素C（抗坏血酸）每100 g果实中量可达20～25 mg，据研究，每人每天食用200～400 g番茄即可满足机体对维生素A、B_1、B_2、C的需要。另外，番茄果实中还含有丰富的钙、铁、磷、硫、钾、钠、镁等矿物盐类，对人体的正常代谢有促进作用，其果汁中含有甘汞，对肝脏病有特效，也有利尿、保肾之功能，其果皮中含有与维生素D作用相同的物质，可降低血压，预防动脉硬化、脑溢血等疾病。近些年的报道中还指出，番茄果实中的番茄红素具有较强的抗氧化能力，从而对宫颈癌、肺癌、乳腺癌、皮肤癌等疾病具有辅助治疗的功效。

二、世界番茄种植与贸易情况

番茄一般来说分为人们平常生吃或做菜用的食用番茄和加工用番茄。加工用番茄可溶性固形物为5%左右，而普通的食用番茄仅为1%～2%，因此番茄制品行业都使用加工用番茄作为原料。

番茄制品的产地具有明显的地域性特征，目前全球有三个主要的番茄制品加工产区，即美国加利福尼亚地区、地中海地区（主要包括意大利、法国、西班牙、葡萄牙和希腊等5国）和中国的新疆、内蒙古地区，三个地区的加工用番茄产量占世界的比例分别为28.5%、25.3%和20.5%，三个地区的产量占到世界总体产量的85%左右，在世界番茄产业中具有举足轻重的地位（图1-1）。近几十年来，世界范围内的番茄产量和制品贸易增长迅速，中国番茄及制品贸易在世界番茄贸易当中的地位也越来越重要，对世界番茄贸易产生了重要的影响。

2009年全球加工用番茄产量同比增长15.6%，达4231.7万t，其中中国加工用番茄增量最大。2009年中国加工番茄产量达865万t，同比增长35.1%，占全球加工番茄总量的比重升至20.5%，番茄制品产量近110万t（出自《中国番茄酱出口市场分析报告2010年》）。

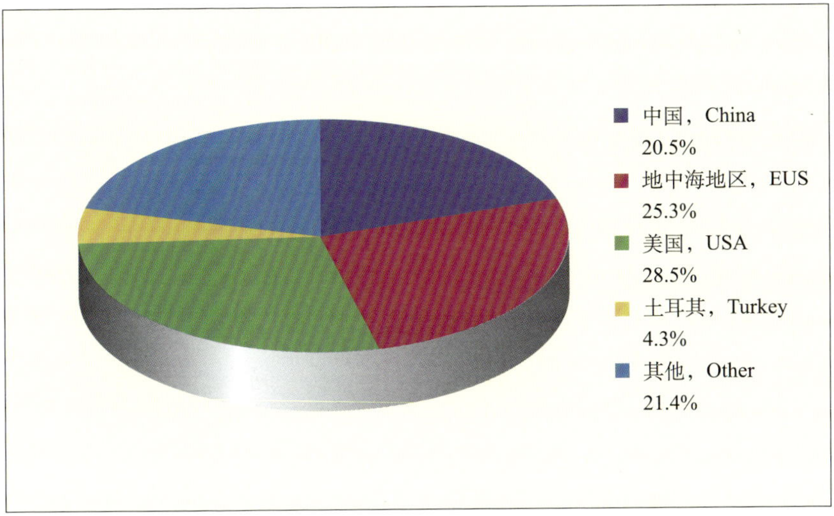

图 1-1　2009 年全球加工用番茄产量区域分布

三、中国番茄种植与贸易情况

中国番茄产业仍处于起步发展阶段，由于中国国内消费量有限，大部分产品出口，现已经成为世界最大的番茄酱出口国。目前中国的番茄生产主要集中在新疆、内蒙古等地，其中新疆产量占全国产量的 2/3 左右，内蒙古占 1/3 左右。中国番茄制品生产具有地理优势、成本优势，但中国番茄制品以初加工产品为主。

从番茄制品来看，2000 年至 2009 年世界番茄制品出口量从 329.9 万 t 增长至 482 万 t，年增长率为 4.3%；中国番茄制品出口量从 16.1 万 t 增长至 82 万 t，年增长率为 19.8%。中国番茄制品出口量占世界的比例从 2000 年的 4.9% 增长至 2009 年的 17%。从番茄酱来看，2000 年至 2009 年世界番茄酱出口量从 158.5 万 t 增长至 251 万 t，年增长率为 5.2%；而中国番茄酱出口量以每年新增出口量达 10 万 t 以上的速度持续增长，从 15.5 万 t 迅速增长至 80.6 万 t，年增长率 20.1%，是世界增长率的 4 倍。同时中国番茄酱出口量占世界出口量的比例快速增长，从 2000 年的 9.8% 增长至 2009 年的 32.1%。可以看出，从 2000 年至 2009 年的 10 年间我国番茄制品产业发展非常迅速，目前已经占世界番茄制品出口量的 1/5，尤其是番茄酱产品的出口量达到世界的 1/3，成为世界第一大番茄酱出口国（http://www.chinafvf.com/news/10158.html）。

第二章 甲基溴替代及土壤管理

一、甲基溴及环境

甲基溴（Methyl Bromide），又称溴甲烷，是一种卤代烃类无色无味的液体，由于具有良好的扩散性和渗透性，能快速杀灭绝大多数生物（真菌、细菌、病毒、线虫、昆虫、螨类等），19 世纪 40 年代以来作为一种高效、广谱熏蒸剂被广泛用于土壤处理、植物检疫、仓库和运输工具消毒，其中 70% 以上用于土壤处理。

中国 1953 年开始应用甲基溴熏蒸棉籽，随后大量用于口岸检疫处理。1994 年以前，我国 90% 以上甲基溴均是用于检疫处理及储藏物保护。随着设施蔬菜种植的兴起，开始作为土壤熏蒸剂使用。1994 年用量为 50 t，1995 年快速上升到 240 t。此后由于蔬菜连年种植导致土传病害发生严重，如不进行土壤处理连作栽培一般减产 30%～60%，严重地块甚至绝收。因此甲基溴土壤处理在设施蔬菜种植区域得到快速推广应用。中国目前有三家公司登记生产甲基溴，分别是江苏省连云港死海溴化物有限公司、浙江省临海市建新化工有限公司、山东省昌邑市化工厂。主要用途为姜、烟草（苗床）土壤处理，以及食品、种子和粮食的熏蒸。尽管如此，相对美国、意大利、日本、以色列、西班牙等国家，中国的甲基溴消费量在世界上所占比重较低。

二、甲基溴替代技术

甲基溴含有溴原子，对臭氧层有巨大破坏作用，而臭氧层能够吸收太阳光中的紫外线，保护地球上的所有生物免受伤害。1989 年，联合国环境规划署指导签订了《蒙特利尔议定书》(以下简称《议定书》)，规定了各签约国限制受控物质，以保护大气层。1992 年，《议定书》正式将甲基溴列为受控物质。1997 年，《议定书》决定发达国家和发展中国家分别于 2005 年和 2015 年全面淘汰甲基溴。

中国于 1991 年正式加入《议定书》，2003 年 4 月中国政府正式签署《哥本哈根修正案》，成为世界上第 142 个签署该修正案的国家。自 2000 年左右开始替代技术的研究，同时积极学习美国、日本、意大利等国家的替代技术，通过建立国际间项目合作，将最新技术引进中国，逐步降低甲基溴用量。中国农业行业甲基溴淘汰项目于 2006 年启动，农业部与环境保护部于 2006 年 6 月签署了工作备忘录，由双方共同负责农业行业甲基溴淘汰计划的实施和管理。2004 年以来，

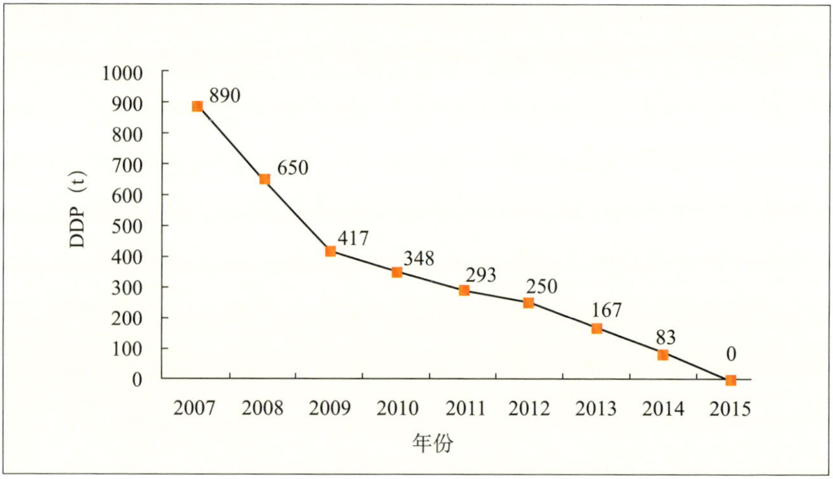

图 2-1　中国农业行业甲基溴淘汰进度

注：数据引自《土壤消毒原理与应用》(曹坳程等，2015)

通过使用各种甲基溴替代技术，中国甲基溴用量逐年降低，2015 年将全面禁止使用（图 2-1），装运前检疫消毒及必要用途豁免。

2000 年以来中国开展了一系列甲基溴替代技术研究与试验示范。根据替代品属性或作用方式分为非化学替代品和化学替代品。非化学替代品包括太阳能消毒、生物熏蒸、臭氧处理、无土栽培；化学替代品包括氯化苦、棉隆。

（一）非化学替代品

1. 太阳能消毒

在设施蔬菜收获后的空棚期（中国北方通常为 6～8 月）外界气温较高，晴好天气较多，太阳照射较强，借助棚室的棚膜长时间密闭将太阳光产生的热能不断蓄积，同时将棚内土壤用透明或黑色塑料膜密闭覆盖，使土壤内温度不断上升，对土壤中病、虫、杂草等各种有害生物长时间保持较高的抑制或杀灭温度，通过有效抑制或杀灭积温将土壤中病、虫、杂草等各种有害生物彻底杀灭。

操作过程为：① 添加粉碎后的新鲜大田作物秸秆或生的畜禽粪便，秸秆用量约 1000 kg/667 m^2，畜禽粪便约 4 m^3/667 m^2；② 深翻土壤 30 cm 以上；③ 做南北向，高 40～50 cm，宽 50～60 cm，垄距 100～120 cm 的高垄；④ 地块四周挖宽 6～10 cm，高 5～8 cm 压膜沟；⑤ 整体覆膜，将膜的东、北、西或东、南、西三边先压实密闭，留一边最后封闭，便于给垄沟内灌水；⑥ 向垄沟内灌足够量的水（水深超过垄高 2/3）；⑦ 封闭灌水边塑料膜并压实；⑧ 关闭棚室所有通风口和门窗，连续密闭闷棚 7～50 天，根据天气状况决定闷棚时间长短；⑨ 大量施入生物菌肥，补充有益微生物，恢复并维持良好土壤生态环境。

2. 生物熏蒸

生物熏蒸是利用植物有机质在分解过程中产生的挥发性杀生气体

抑制或杀死土壤中的有害生物的方法。许多十字花科植物中含有的硫代葡萄糖苷可以形成挥发性及杀生性很强的异硫氰酸酯，从而对土壤病原物产生熏蒸作用；含氮量高的有机物或几丁质含量高的海洋生物能产生氨，杀死根结线虫；此外，生物熏蒸还能有效提高土壤有机质含量，增加土壤肥力。

生物熏蒸方法比较简单，一般是选择好时间后，将土地深耕，使土壤平整疏松，将用作熏蒸的植物残渣粉碎，或用家畜粪便、海产品，也可相互按一定比例混合均匀洒在土壤表面之后浇足水，然后覆盖透明塑料薄膜。为取得较好效果，最好在晴天光照时间长，环境温度高时操作，这样有利于反应，同时要求具有一定湿度，便于植物残渣等物质的水解，加入粪肥要适量，防止出现烧苗等情况。最好结合太阳能高温消毒，可更有效地发挥消毒灭菌作用。

除直接利用植物等有机物进行生物熏蒸外，还可以利用生物熏蒸剂进行土壤处理。生物熏蒸剂是利用十字花科、菊科等植株残体浸泡、萃取或仿生合成具有较高含量和纯度对有害生物具有较高杀灭活性的生物熏蒸剂产品。目前国内文献报道的生物熏蒸剂品种很有限，仅有20% 辣根素水乳剂、5% 辣根素颗粒剂。

3. 臭氧处理

臭氧在常温下比空气重 1.7 倍，微溶于水，具有很强的氧化性等，它的消毒灭害作用与浓度和时间呈正相关，杀菌能力为氯的600～3000 倍，土壤颗粒在臭氧长时间持续作用下可以将其中的病菌及其它有害生物杀灭或抑制。同时还可起到分解土壤中有毒有害物质，净化土壤环境的作用。臭氧土壤处理是通过自控臭氧消毒常温烟雾施药机来完成的，用它连续不断地将一定浓度的臭氧气体释放到被处理的土壤表面，不断地沿土壤颗粒间隙向深层渗透，杀灭土中的多种病菌及有害生物。

臭氧土壤处理实施操作过程：① 深翻土地 35 cm 以上，精细破碎土壤颗粒；② 适当喷水或洒水，调节土壤达 60%～70% 湿度，即手捏成团，自由落地就散；③ 做南北向，高为 40～50 cm，宽为 50～60 cm，垄距为 100～120 cm 的高垄，离垄南端和垄北端约 1m 处分别错位挖开宽约 50～60 cm，深为 40～50 cm 的小缺口，使臭氧在覆膜后由通入口方向顺垄沟通过南北错位的缺口从一个垄沟向相邻垄沟流动扩散，最后由出气管出，形成臭氧熏蒸循环回路；④ 整体密闭覆盖较厚塑料透明膜，将四周压实，在棚室两端的第一条垄沟分别设置臭氧通入口和输出口，以便通过管道和臭氧发生器连接；⑤ 连接臭氧发生器的循环软管，使臭氧发生器、臭氧输出管、膜下垄沟、臭氧回流管形成循环通路。⑥ 设置臭氧发生器，启动臭氧发生器，持续通入臭氧气体，保持自动连续循环熏蒸 18～24 h；⑦ 由于臭氧渗透能力较弱，必要时揭膜后再熏蒸处理一次。翻动处理的土壤，适当喷水，保持适宜的土壤湿度，垄变沟、沟变垄，使垄沟内部未处理土壤翻到表面，便于熏蒸处理；⑧处理结束后，大量施入生物菌肥，补充有益微生物，维持良好土壤生态环境。

4. 无土栽培

无土栽培是将作物种植在无土的生长基质中，这种栽培方式可有效解决土传病害日趋严重、土壤盐渍化、植物自毒物质积累、土壤元素平衡破坏等疑难问题，为作物生长创造良好的根际环境和空间环境。番茄无土栽培中以固体基质为主，目前应用效果较好的基质包括草炭、蛭石、珍珠岩、沙子、锯末、菇渣、秸秆、椰糠等。对基质的评价主要从孔隙度、pH、可利用水量、产量、养分平衡性等几方面展开。

（二）化学剂替代品

目前中国用于番茄土壤消毒的登记药剂主要有氯化苦、棉隆、威百亩等药剂。

1. 氯化苦

99.5% 氯化苦液剂用于番茄土壤熏蒸可以防治真菌、线虫等土传病害。氯化苦为无色油状液体，高毒、易挥发，在光的作用下在水中水解形成 HCl、HNO_2、CO_2，使用和运输均须由经过安全技术培训的专业人员完成，目前施用方法主要是注射施药法。施用方法：① 清除土壤中的杂物，特别是作物残体，深耕土壤 20 cm，充分碎土；② 土壤湿度对氯化苦施用效果有很大影响，应保持土壤湿度适中，以手握成团、松开落地即散为宜，湿度过大、过小都不宜施药；③ 将药剂通过注射施药器械以一定的距离均匀注射施入土壤中，施药量为 240～360 kg/hm^2；④ 施药后土壤立即用塑料膜覆盖，膜周围用土密封压实。根据地温不同，覆盖时间不同，15～25℃为 10～15 天，25～30℃为 7～10 天；⑤ 揭膜后敞气 7～10 天后起垄，移栽番茄。

2. 棉隆

棉隆为硫代异硫氰酸甲酯类广谱熏蒸剂，可有效杀灭病原菌、根结线虫、地下害虫和杂草，我国登记产品为 98% 微粒剂，毒性为低毒。施用方法：① 施入基肥后翻耕整地、浇水，使土壤含水量保持在 60%～70%；② 均匀撒施棉隆，用量为 30～40 g/m^2；③ 耙细土壤，适当浇水使土壤含水量保持在 55% 左右，再用塑料膜覆盖严密。覆盖时间因土壤温度而异，土温在 25℃以上时密封 10 天，20℃时覆盖 12 天；15℃时覆盖 15 天，10℃时覆盖 25 天，5℃时覆盖 30 天；④ 揭膜后敞气通风，通风时间因土壤温度而异，土温在 25℃以上时通风 5 天，20℃时通风 7 天；15℃时通风 10 天，10℃时通风 15 天，5℃时通风 20 天；⑤ 确认药剂对种苗无影响后，整地做畦、定植。

3. 威百亩

威百亩为具有熏蒸作用的二硫代氨基甲酸酯类杀线虫剂，其在土壤中降解成异氰酸甲酯发挥熏蒸作用，通过抑制生物细胞分裂和 DNA、RNA 和蛋白质的合成以及造成生物呼吸受阻，能有效杀灭根结线虫、杂草等有害生物，从而获得洁净及健康的土壤。具体使用方法：因防治对象不同，使用剂量有很大的差别。一般使用有效剂量为35 ml/m²，合35%水剂100 ml/m²。防治根结线虫，用量要进一步提高。土壤质地、湿度和土壤pH对威百亩的释放有影响。在处理前，应确保无大土块；土壤湿度必须是50%～75%，在表土5.0～7.5 cm处的土温为5～32℃。

4. 石灰氮

石灰氮，学名氰胺化钙，一般为黑灰色粉末，质地较轻，不溶于水，带有电石臭味。石灰氮遇水分解产生氰胺和双氰胺等氰胺化物，并产生一定的高温，全田每667 m² 撒施石灰氮30～50 kg。对防治地下害虫、根结线虫和杂草及青枯病、立枯病、根肿病等土传病害具有一定的作用，还具有补充氮和钙肥、促进有机物的腐熟等作用。在10 cm深度，对黄瓜枯萎病菌处理10天以上，可杀死80%病原菌；在20 cm深土层处理10天以上，杀灭效果较对照高出30%～50%。

第三章

番茄对外界条件的要求

在保护地作物的生长过程中，环境因素发挥了极为重要的作用。自然光、温度、湿度、CO_2 水平以及额外的加热降温需求等环境因素的有效控制与管理，直接影响作物的产量和质量。

一、光

番茄是喜光性蔬菜，在整个生长发育过程中需要充足的光照。在一定范围内，光照越强，光合作用愈旺盛；光照时数越长，光合作用时间越长，对花芽形成和植株生长都十分有利。番茄要求光饱和点为 70000 lx，维持番茄正常生长发育的光强度一般也应保证在 30000～35000 lx 以上。

冬季的番茄栽培，常由于光照不足引起植株徒长、营养不良、落花落果严重，引发多种生理性障碍和病害。在冬季温室栽培中，应保持玻璃或塑料薄膜的清洁，必要时可进行人工补光。同时，光照过强又会造成日烧病、病毒病等病害的发生。因此在夏季，可使用遮阳网、白色涂料、自动遮阴窗帘等措施避免光照过强。

二、温度

番茄属喜温性蔬菜，虽然番茄不耐高温，但是在果类蔬菜中算是比较耐低温的。总体来讲，适宜番茄生长发育的温度是10～30℃，在月平均温度为18℃的季节里生长良好。当气温低于10℃时，生长速度缓慢，低于5℃时，生长停止，0℃以下有受冻可能，但是经过耐寒训练的苗，可耐短时间 -2℃，长时间处于1～5℃的低温环境，虽然不致冻死，但能造成寒害，弱苗在1℃左右有受冻可能。温度高于30℃，同化作用显著下降，生长量减少，温度达35℃时，生殖生长受到破坏，不能坐果，温度达到35～40℃时，则植株生理状态失去平衡，并易诱发病毒病。番茄在不同时期的温度需求见表3-1。

在冬季，日光温室生产中最重要的制约因素就是温度，尤其是夜间温度。一般来说，若想生产果类蔬菜，夜间温度应当能保证在8℃以上，最低温度也不能低于5℃。在现代化大型温室，可通过热水加

表3-1　番茄的温度需求

时期	适宜温度
营养生长	最适温度为10～25℃
生殖生长	最适温度为15～30℃
土壤温度	最适温度为20～22℃，低于13℃、高于32℃时，根的机能下降
种子发芽期	最适温度为25～30℃。高于32℃停止发芽；低于25℃出芽期推迟；低于11℃以下时，停止出芽
幼苗期	真叶长出后，最适温度白天22～23℃，夜间12～13℃；2～4片真叶后，最适温度白天23～25℃，夜间15～17℃，昼夜温差为8±2℃
开花坐果期	最适温度白天20～28℃，夜间15～20℃
结果期	最低温度为5℃，最高为35℃；白天适温是28～30℃，前半夜16～18℃，后半夜12～13℃，这样利于果实成熟和着色

热系统或者电热风加热系统进行加热。在普通温室可通过以下措施进行加温：

1. 加厚墙体及后坡

土墙厚度要大于 1 m，砖墙的厚度应至少为 50 cm。如厚度不够，可采取如下措施：① 温室北墙堆土，至少要达到 1.5 m 以上，厚度约 30 cm；② 北墙外侧贴 10 cm 厚聚苯保温板，外挂石膏或水泥；③ 将秸秆打捆贴在后墙上，厚度在 15 cm 左右，用上年的旧棚膜包紧固定在后墙上。

2. 设置防寒沟

常用的防寒沟有两种，① 在前屋面底脚外侧开一条宽 30 cm，深 40～50 cm 的长沟，入冬前将稻草、秸秆、树叶等材料填充到沟中，填满即可，不必踩实。② 在日光温室前屋面底脚内侧挖深 50 cm，宽 10 cm 的沟，在沟内放置 10 cm 厚的聚苯泡沫板，这种方式比前一种效果更明显，可提高温室前部 15 cm 土壤温度 3℃左右。

3. 选择适宜的棚膜

冬季温室生产最好选用聚烯烃（PO）膜，也可选用高保温流滴长寿膜。若选用聚氯乙烯（PVC）长寿无滴消雾多功能膜时，厚度应在 0.12 mm 以上。棚膜要经常擦拭。

4. 前屋面保温

① 利用草苫做保温覆盖的，草苫重量要求达到 4 kg/m²，雨雪天气及冬季气温比较低时，在草苫外盖旧棚膜；② 利用保温被做保温覆盖的，厚度最好能达到 2.0 cm，每平方米重量不低于 1.2 kg。③ 在前屋面前底脚外放置一块旧草苫，既可防止保温被或草苫底部湿度大结冰，第二天白天难以卷起，又可提高保温效果。

5. 做好临时加温措施

① 利用火炉和燃油热风炉加热，使用时必须有烟道，燃烧后的气体不能直接排放到日光温室中，以免发生气害。② 使用热转换灯泡进

行加温，一般选 200～300 W，每 667 m^2 安装 15～20 个浴霸，距番茄植株生长点 50 cm 以上，以免“烤苗”。

在夏季，一般采用自然通风，使用内外遮阳物、喷雾降温、水帘风机降温等措施进行降温：

1. 自然通风

在炎热的夏季，打开窗户和通风口，可以促使外部气流涌入，及时更换温室中的空气，在外界气温不高的情况下比较适用。

2. 使用遮阳物

在温室表面覆盖遮阳网，可以起到遮挡日光的作用，减少大棚日光的照射时间和区域，可以在一定程度上缓解温室中气温过高的问题。

3. 喷雾降温

利用蒸发降温的原理，使用喷雾降温设备产生超细颗粒水雾，吸收周围区域内的热能，及时蒸发，从而降低周围的温度。

4. 水帘风机降温

利用水帘墙降温系统，水蒸发吸热原理，负压通风原理，来排出温室内的高温气体，可使温室内温度保持在 26～30℃左右。

三、湿度

在大棚中维持一个稳定的相对湿度，对植物的生长有重要的影响。不同的植物有不同的最适湿度要求。番茄生长最适宜的空气相对湿度为 50%～87%（表 3-2），如果空气湿度过高，易引起多种真菌性、细菌性病害发生，也会影响自花授粉、受精作用。

温室大棚降低空气湿度的方法主要有以下 4 种：① 通风换气。通风换气是调节温室大棚内湿度环境的最简单有效的方法。温室大棚内湿度一般高于室外，通过通风换气引进湿度相对较低的空气对室内空气能起到稀释作用。② 加热。在室内空气相对湿度一定的情况下，通

表 3-2 番茄的最适空气相对湿度值

时段	数值
最小值	50%～55%
白天最适值	70%～80%
夜间最适值	82%～87%

过加热提高温室大棚温度自然就能起到降低室内空气相对湿度的作用。如能将通风与加热结合起来则对于降低室内空气相对湿度最为有效。③ 改进灌溉方法。在温室大棚中采用滴灌、微喷灌等节水灌溉措施可以减少地面的积水，显著降低地面蒸发量，从而降低空气相对湿度。与此相似，采用地膜覆盖也能减少地面水蒸气蒸发：如温室覆盖地膜后温室空气相对湿度由 95%～100% 下降为 75%～80%。④ 吸湿材料。采用吸湿材料如氧化锂等吸收空气中水分可降低空气中含湿量，从而降低空气相对湿度。

温室大棚最常见的加湿方法为细雾加湿法，其基本原理是在高压作用下水雾化为直径极小的雾粒飘在空气中并迅速蒸发，从而提高空气湿度。

四、CO_2

CO_2 在空气中的正常含量在 350 mg/kg。这个浓度对大多数植物已经足够。温室内 CO_2 浓度与外界相比随时变动。晚上，植物消耗 O_2 而释放 CO_2，所以在温室中的 CO_2 浓度比白天高。但是在白天，植物通过光合作用消耗 CO_2，而释放 O_2，在这种情况下，温室中的 O_2 浓度增高。植物的最适 CO_2 浓度是 400～1000 mg/kg。

在白天 CO_2 浓度降低时，可以采用吊袋式 CO_2 施肥技术适时补充

保护设施内的 CO_2，也可以通过通风设置增加空气中 CO_2 浓度，还可以通过燃烧甲烷、丁烷、丙烷增加 CO_2 浓度。在开花坐果至果实膨大期为 CO_2 施肥最佳时期，此期进行 CO_2 施肥。有机物质积累多，促进果实膨大，提高果实产量。

五、环境综合管理

当温室中的光、热和 CO_2 等环境因素处于比较合适的范围时，植物才能得以良好生长。因此，在进行大棚建设选址时，要选择有良好的空气状况、温暖和光照充足的地方，这样才有充足的光照来满足植物光合作用，同时还能增加室内温度，并间接减少相对湿度。在温室中当光密度为 10000～12000 lx，温度在 20～25℃，相对湿度为 45%～65%，CO_2 浓度为 400～600 mg/kg 时，番茄长势良好，才能确保更高的产量和品质。

第四章 栽培技术和栽培管理

一、品种选择

准确选好品种是西红柿生产成功的先决条件。在选择种植品种时需要考虑市场的需求、不同茬口需求以及不同品种对病虫害的抗性等。

1. 市场需求

市场对不同番茄品种的需求，在不同年份以及不同地区之间也都有一定差异。以粉果型品种销售为主的地区，可以选择‘金棚无线’‘雅琪’‘华冠三号’等粉果品种；以满足外地长途贩运为主的地区，可选瑞克斯旺的‘百利’、以色列泽文的‘秀丽’‘以色列 6 号’等耐运输、耐贮存的品种。

2. 不同茬口

早春冷棚番茄，要选择果实发育期短的早熟品种。越夏番茄，开花坐果时期正值三伏天，品种选择以耐热品种为主。秋延迟茬露地番茄，病虫对植株生长和产量影响严重，要以选择抗黄化曲叶病毒病的品种为主。秋延迟茬温室栽培，选择国产和进口种子均可，早熟、晚熟品种的收入差异不明显。

3. 病虫害抗性

在番茄黄化曲叶病毒病发生严重的地区，粉果型番茄品种可选用：‘浙粉 702’‘浙粉 701’‘瑞星 5 号’‘荷兰 8 号’等；大红果型番茄品种可选用：'浙杂 502''齐达利''拉比''飞天''迪兰妮'等。在番茄根结线虫病发生严重地区，可选用'布鲁斯特''尼瑞萨''欧曼''科纳拉''特璐丝''红日 3 号'等品种。

二、种子处理

（一）种子消毒

常用的种子消毒处理方法有温汤浸种、药液浸种、粉剂拌种等，可根据种子所传带的重要病虫，有针对性选择处理。

1. 温汤浸种

将种子放入 50～55℃温水中，不断搅动，使种子受热均匀，水温在 50℃状态维持 20～30 min 后捞出，之后再放入 30℃水中浸泡 3～4 h，待种子吸足水分，捞出催芽。

2. 药液浸泡

在药剂消毒前，先将种子浸水 10 min 左右，除去漂浮在上面的瘪种子，再进行消毒处理；或温水浸种后的种子洗净后再用药剂消毒。消毒用福尔马林（40% 甲醛）100 倍液浸种 10～15 min，可杀死种子表面所带病菌，用 10% 浓度的磷酸三钠或 2% 氢氧化钠浓度的水溶液浸种 20 min，有钝化番茄花叶病毒的作用。药剂浸种后一定要再用清水彻底清洗种子。

3. 药剂拌种

将要处理的种子与药剂混合搅拌均匀，使药剂均匀粘附在种子表面，播种后杀灭种子传带的病虫，药剂量一般为种子重量的 0.2%～0.4%。药剂与种子必须都是干燥的，药剂太少不易拌匀。可用药剂有：福苯混剂、福甲混剂、加瑞农、多菌灵、福美双等。

（二）催芽

浸种后的种子，沥干浮水将湿种子用透气性良好、洁净、半潮干的布包好，放入盘中，种子厚度不超过 5 cm，上面盖上双层潮干毛巾或麻袋片，然后放在 25～28℃的恒温箱中催芽。每天要用温水淘洗一遍，控净浮水，再继续催芽。吸足水后的种子在温度具备、氧气充足的条件下，经过 48 h 便可发芽，隔年陈种子，发芽稍迟缓，72 h 左右也可出芽。种子露出 1～2 mm 的胚根后即可播种。当种子已经发芽，却遇到天气突变或其他事宜不宜播种时，可将有芽种子在保湿条件下，放在温度低于 10℃又不会结冰的环境中保存，有条件者放入家用冰箱的冷藏室内，或放在冷凉屋内，经常翻动，保持芽不干，待天气好即可播种。

三、播种育苗

（一）播种时期

适宜的播种期决定于定植期，定植期则要根据当地气候和日光温室的性能来确定。以华北地区为例，在节能日光温室、加温温室、塑料大棚、露地 4 种种植环境中，通常有秋冬茬日光温室、冬春茬日光温室、高效节能日光温室越冬长季节栽培等 9 种茬口，每个茬口的播种时间可参见表 4-1。

（二）播种数量

凡是符合国家规定的合格种子，其发芽率可达 85% 以上，番茄种子每克约 300 粒左右，按 80% 出苗率计算，可出 240 株幼苗。一般普通粉果品种每 667 m^2 定植用苗 2500～3000 株左右，加上 50% 的损耗率，每 667 m^2 种植番茄的播种量大约在 20～30 g，可以保证每 667 m^2 地 2500～3000 株的用量。

（三）播床准备

育苗床条件的好坏，关系到秧苗的素质好坏，从而影响到产品的数量和质量，最终影响到效益的高低。播种床的面积大小是：每平方米苗床可播种子 3～4 g，每定植 667 m^2 面积，需要播种床 6～7 m^2。

表 4-1　华北地区 9 种番茄种植茬口的播种、定植和收获

栽培方式		播种时期	定植时期	始收期	拉秧期	备注
节能日光温室	冬春茬	12月上～12月下	1月下～2月上	3月下～4月中	6月下	
	秋冬茬	6月下～7月上	7月下～8月上	9～10月	12月底	
	秋冬春一大茬	9月上、中旬	10月下～11月下	1月中	6月中、下旬	连栋温室更好
加温温室	春茬	10月下～11月上	1月上、中旬	4月	6月底	
	秋茬	8月上	9月中	11月下	1月下	
塑料大棚	春茬	1月中～2月上	3月下	5月中	7月中	
	秋茬	6月下～7月上	7月中～7月下	9月下～10月中	11月中	
露地	春露地	1月下～2月中	4月下	6月中	7月下	育苗
	越夏栽培	3月中	5月中	7月上	9月中	冷凉地区

冬季或者早春育苗的关键问题是如何提高土壤温度。只有床土温度得到提高，出苗及幼苗的生长才可以得到保证。通常采用电热温床、容器播种、地床播种畦等方法提高土壤温度。

（四）播种方法

1. 移栽播种

播种时温室气温 20～30℃、土壤温度 18～22℃为宜。清晨，提前将育苗床土、育苗穴盘等浇透，在床土上撒一层过筛无肥的细潮干土。播种方法：一是撒播，播种时将出芽的种子与洁净细砂拌匀，均匀撒播，种子间距 1 cm 左右。二是穴播，在营养钵或育苗块上播种 1～2 粒种子。播种后立即覆土，厚度为 5～8 mm。覆土后用塑料薄膜（地膜）将畦面或播种苗盘等严实覆盖，或作成高 30 cm 的小拱棚，以利增温保湿。

2. 直播播种

秋大棚茬口如果采用移栽，易造成根系伤口增多，病毒感染机会增加，多采取直播。直播时，要求整地质量高，施足腐熟有机肥。肥土掺匀后，做成小高畦或瓦垄畦，为保证出苗一致，可提前浇 1 次水，找出水平线。播种时，在水平线上 2～3 cm 处划沟，沟深 1 cm，条播或断条播，播后覆土，再浇水，水量以上次浇水的水平线为准，过 2～3 天再浇 1 次，即可出苗。

（五）幼苗管理

1. 温度管理

冬春茬口，种子出土前，尽量使地温高于 20℃。子叶展开时，白天温度 18～20℃，夜间 10～12℃。真叶出现后，白天 22～23℃，夜间 12～13℃，保持昼夜温差 10℃左右，若遇到阴雪天气，最好保持昼夜温差不低于 5～6℃。秋冬春一大茬口，出苗期间白天保持 25～28℃，夜间 12～18℃。出苗后白天温度降到 20～23℃，夜间 10～12℃，真叶展开后，白天气温提高到 25～28℃，夜间 15～18℃。早春茬口，播种后要保持穴盘内基质湿润，室温白天 25～28 ℃，夜间不低于 20 ℃，待出苗 50% 后撤去薄膜或报纸，以利幼苗尽早见光，苗出齐后要适当控制水分，及时降温，白天 20～24 ℃，夜间保持在 15 ℃。

2. 光照调节

温室通过拉盖棉帘的方式，来控制光照长短。每天尽量保证幼苗 8 h 的见光时间，结合室内温度，尽量延长光照时间。阴天也应拉开棉帘，因为散射光也有一定作用。注意保持透明屋面的清洁度，使其透光性好，保持幼苗受光时间和光照强度是培育健壮子苗的关键。如果光照不足，幼苗颜色变黄，叶片变薄，体内物质积累少，将使花芽分化推迟。

3. 水分管理

播种时浇足底水，子苗期原则上不浇水。如果用营养钵或育苗块育苗，因土层薄，容易干，要适当浇水，保持幼苗正常生长。分苗前一天盖棉帘前要浇水，使次日分苗时，秧苗体内含水充足，不易萎蔫。

4. 覆土管理

从开始覆土至出齐苗，要覆土两次，每次覆土厚度 0.5 cm。第一次在种子拱土、呈“拉弓”状时，用过筛半潮干细土，均匀撒覆，以帮种皮脱落，防种子“带帽”出土，覆土后畦面仍需保湿。待种子出齐、拆除畦面覆盖膜之后，无露水时，进行第二次覆土，以弥合子叶出土时形成的细缝，并防止畦面干裂。根据畦面的潮湿情况，确定覆土的潮湿度。如果出苗不整齐，可能需要覆土 3 次。

5. 间苗与分苗

由于播种不匀，部分地方出苗过密，应及时间苗。间苗时首先将子叶不正常的苗、无真叶苗和出苗过晚的苗拔（剪）去，故间苗后应再覆土稳苗。当幼苗长至“2 叶 1 心”时及时进行分苗，以扩大秧苗的营养面积。如果温度有保证，一般是在播种后（日历苗龄）25 天左右进行。为了防止幼苗徒长，可本着“控水不控温”的原则进行。

6. 分苗后管理

①浇水：当土壤含水量达田间最大持水量的 55%～60% 时，幼苗生长最好。也可通过观察叶色变化确定是否应该浇水，幼苗叶色呈现“新叶浅、老叶深”的颜色时为最佳。②光照：每日光照时数不低于 8 h，盖棉帘应本着早拉晚盖的原则，并注意保持玻璃或塑料膜的清洁。育苗棚用的农膜一定要新、净。③温度：秋冬茬口早播者，温度可依靠自然温度，夜温过高时，用浇夜水的办法降温。晚播者，分苗后气温偏低，夜间应注意保温，白天应注意放风。

7. 倒苗挪稀

在低温寡照季节育苗，在成苗期要经 3～4 次“倒苗”，更换苗所处的位置，使苗大小一致。地床分苗的，也应早挖坨，进行倒苗，调整大小苗位置。在12月至翌年2月期间的苗，随苗体增大，结合倒苗，将苗挪稀，加大苗间距，减少遮阴，避免徒长。挪稀的土坨失水快，必要时应喷水。

四、整地定植

（一）定植准备

1. 选地整地

选用土层肥沃，通气性好的中矿质壤土或黏质壤土，避免连作。在保护地栽培时要多施有机肥，并注意施肥种类的调整变化，利于土壤养分平衡。在做畦前，必须进行 30 cm 深翻，施入底肥后再做畦。每 667 m^2 均匀施入腐熟细碎优质农家肥（春茬大棚茬口 4000～5000 kg，秋茬大棚 3000～4000 kg）或商品有机肥 2000～3000 kg，磷酸二铵 15 kg，硫酸钾 10 kg。

2. 做畦

若采用滴灌应当选择小高畦，若采用膜下暗灌应做成瓦垄畦。小高畦畦宽窄可据保留的果穗数而定，矮架栽培，留 2～3 穗果时，畦宽 1～1.1 m；大架栽培留果 5 穗以上时，畦宽 1.32～1.5 m。小高畦畦高 10～20 cm，视当地地下水位高低而定。春茬大棚茬口，按东西向做成宽 1.3 m，高 25～30 cm 的瓦垄畦，采用大小行定植方式，大行距为 0.9 m，小行距为 0.4 m，覆盖银灰色地膜。

3. 覆膜

冬春茬需要覆盖地膜的畦应在定植前一周左右扣膜，以便烤畦提高地温。地膜畦面应稍凸，尽量与畦面紧密结合，防止杂草滋生。秋冬茬如果温度较高时，只上顶膜，以后根据气温下降程度，再上底边棚膜。

4. 土壤消毒

优先使用 20% 辣根素水乳剂进行消毒处理，滴灌施药，每 667 m^2 用量 5～6 L，在施肥罐内辣根素滴完后保持继续滴灌浇水 1～2 h，密封 3～5 天后打开薄膜，次日即可定植。另外，也可用 50% 多菌灵、50% 托布津或 70% 敌克松 1000 倍液喷洒，或制成毒土撒布后翻入土中。有地下害虫的地块，可以在土壤处理时加一定数量的杀虫剂。

5. 棚室表面消毒

可用背负式高效常温烟雾施药机，喷施 20% 辣根素水乳剂 1 L/667 m^2 进行表面消毒，施药后闷棚 3 天，或选用杀菌剂阿米西达、世高、霜脲锰锌等；杀虫剂阿维菌素等分别针对病害、虫害进行消毒，或选用杀虫烟雾剂（异丙威等）和杀菌烟雾剂（百菌清、腐霉利等）同时配合使用。

（二）定植时期

冬春茬口，当日光温室内夜间温度达 10℃以上时就可定植。在北京地区，高效节能日光温室可在 1 月中旬～2 月上旬定植，普通日光温室（俗称中棚）在 2 月中旬～3 月上旬定植。春大棚茬口定植时，棚内最低气温应稳定在 10℃以上，在“冷尾暖头”定植。各地要因地、因时、因棚来确定最佳的定植时期。其余茬口定植时间见表 4-2。

表 4-2　番茄不同茬口定植时间

茬口	育苗时间	定植时间
秋冬茬	7月中	8月底
冬春茬	12月中下旬	2月上
春茬	2月底	4月上

（三）定植密度

番茄采取高架栽培、保留 5～7 穗果时，每 667 m^2 地种植密度可在 2500～3000 株之间。春大棚茬口每 667 m^2 定植 3300 株左右。秋冬春茬长季节栽培的单干整枝番茄，每 667 m^2 定植 2800～3200 株；采用双干整枝或连续摘心多次换头方法，密度在每 667 m^2 2000 株左右。

（四）定植技术

一般选取晴天上午进行定植，栽苗的深度以不埋过子叶为准，适当深栽可促进不定根发生。如遇徒长苗，秧苗较高，可采取卧栽法，将秧苗朝一个方向斜卧地下，埋入 2～3 片真叶。冬春茬低温季节一般采用暗水定植方法，即先开沟浇水或在定植穴内先浇水，之后放入秧苗，再覆土。秋冬茬采用明水定植，即先栽苗，后浇水。

五、定植后管理

（一）温度管理

冬春茬口，在定植后 5～7 天，尽量提高温度，气温达 30℃时才可放风。缓苗后，白天不超过 25℃，夜间 10～15℃；开花后白天不超过 28℃，夜温不低于 10℃；结果期昼夜温差可加大到 15～20℃。秋冬茬口，当夜温降到 13℃以下，夜间应闭合通风口。10 月下旬应加盖草苫。结果期夜温最低可维持到 7～8℃水平。秋冬春茬口，缓苗期超过 30℃才需放风；缓苗、结果期后白天保持 22～28℃，夜间 13～17℃；6 月，可在 11：00～15：00 覆盖遮阳网进行遮阴降温。春季大棚茬口，定植后保持在白天 30℃左右，32℃以上时可短时通风，夜间保持在 18～20℃之间。蹲苗期白天 25℃左右，夜间 13～15℃。开花期白天控制在 24～30℃，夜间控制在 14～20℃之间。果实膨大期白天控制温度在 23～30℃，夜间 15～18℃。秋大棚茬口，9 月下旬以后大棚四周底边加上薄膜，但要留通风口，当夜温低于 10℃，晚间应合缝保温，白天打开通风，通风口由大到小管理；10 月中旬以后，除特殊高温年份外，可停止放风。

（二）光照管理

冬春茬以及秋冬茬口光照弱，可通过以下措施提高光照：一是尽量选用透光性能好的PO膜或高保温流滴防老化PE农膜，并及时除尘；二是在秧苗缓苗后及时在后屋顶部位及东西山墙张挂反光幕；三是棉帘应尽量早揭晚盖，并在阴天短时间揭苫见散射光；四是架设补光灯，在阴天的全天开启，晴天盖苫后开启4 h补光。春季大棚茬口，在6月初以后在晴天的11：00～15：00在棚顶覆盖遮光率50%～60%的遮阳网来降低棚温。

（三）植株调整

缓苗后，在肥水条件比较好的情况下，植株生长很快，为调节生长与发育的关系，防止营养生长过旺，改善光照营养条件，应人为地对植株进行调整。调整方法有支架、绑蔓、打杈、去老叶、摘心等。

1. 落秧

日光温室秋冬春茬口，番茄生长期长，至少8～9个月以上，所以植株生长高大，整枝方式非常重要。生产上一般采用盘秧法(落秧法)：在前期果实成熟并且采摘后进行，先将下部叶片打掉，将下部茎秆直接盘绕于地面或盘绕于支架上。支架可以利用竹竿或铁丝做成，距离地面15～30 cm即可。

2. 支架

支架的高低可根据计划保留果穗数来决定。一般自封顶品种，可插单扦；非自封顶品种留2～3穗果时，可插小架，架杆长1 m左右，两行架顶连接绑起，呈"人"字形，俗称"人字架"，有利通风透光。大架栽培时，可插长杆，编成花架或人字高架，如果温室骨架坚固，也可用尼龙绳吊蔓，保护地多为单干整枝，一株一杆即可。

3. 绑蔓

支架后，植株达30 cm以上，进入开花期时，进行第一次绑蔓，绑在花穗之下，起支撑果穗的作用。绑蔓时，注意将花朝向通道的方向，以便于将来用生长素处理花朵和摘果，花穗不要夹在茎与架杆之间。绑蔓时，不要过紧，为茎以后加粗留有余地，最好茎与架杆之间绑成“8”字形。原则上每穗果下绑一道蔓。如植株徒长，可稍绑紧些，以抑制生长，顶部最后一道蔓也应稍紧。绑蔓用料可因地制宜，通常用塑料绳，也可用马蔺、玉米苞皮、碎布条等。

4. 打杈

打杈时期：保护地一般采用单干整枝。定植后的侧枝，适当保留一段时间再打杈，其余基部侧枝在6～8 cm长时及时摘去，以利于伤口愈合和减少养分消耗。另外还要根据植株长势确定打杈的早晚：生长势弱的植株，要晚打杈，可在开花后打杈，生长势旺的植株，要早打杈，以便抑制其生长速度。打杈方法：打杈强调“掰杈”，即用手指捏住侧枝顶部，骤然往旁侧掰下，伤口整齐，便于愈合，而且掰杈的手只接触杈，不接触主干，可避免传播烟草花叶病毒。

5. 摘心

果穗数达到计划保留的数目时，在果穗上留2～3片叶后摘心。摘心是削弱植株顶端优势，使植株体内大量养分输向果实，促进果实膨大，提高产量的有效措施。摘心时顶部留两片叶的原因是：这2～3片叶是其下部紧邻果穗的功能叶片，如果只留1片，虽然熟期可提前，但单果重下降。

6. 打老叶

植株进入果实绿熟转色时期，叶量较多，可将下部见不到光和变黄的叶片去掉，以改善通风透光条件，一般第一果穗下的叶片全部去掉；以后第二果穗进入绿熟期，将其下部叶片去掉，以此类推。但每株要保持16片左右的功能叶，才能保证植株的光合作用的产物供给果实生长的需求。果穗上面的叶片，是有效的功能叶片，切不可摘除，以便保证上层果实的良好发育。

（六）辅助授粉

1. 人工辅助授粉

使用振荡授粉器在晴天 8：00～10：00 效果最好，或激素要求棚室温度在 20～30℃时操作，若室温低于 15℃或高于 30℃时，应采取防风、遮阳、保温防寒等有效措施来调节。当每穗花序有 3/4 的花朵开放时，可采用喷雾的方法将其喷到花朵上（尽量避免喷到柱头上），也可用毛笔将其均匀涂沾到花柄部位。

2. 熊蜂授粉

在番茄开花前 1～2 天，在傍晚时按每 667 m^2 1 群熊蜂（60 只工蜂 / 群）将蜂群放入温室，第二天早晨打开巢门。蜂箱要放在垄间的支架上，支架高度 30 cm 左右；在炎热的季节，增加遮挡，避免阳光直射。在蜂箱前面约 1 m 的地方放一个碟子，里面放 50% 的糖水少许，每隔 2 天更换 1 次；同时，在碟子内放置一些草秆或小树枝，供熊蜂取食时攀附。一群熊蜂的授粉寿命为 45 天左右，应及时更换蜂群。

六、适时采收

番茄果实要达到生理成熟方可食用。为了促进果实成熟，提早上市，果实可以提前采摘，用乙烯利催熟。办法有两种：一是在植株上催熟果实：将 40% 乙烯利配成 400～800 倍水溶液（500～1000 mg/kg），然后用软毛刷或粗毛笔将溶液涂在白熟期的果实上，可提早上市 3 天左右；二是果实采摘后催熟：将 40% 乙烯利加水稀释成 200 倍液（2000 mg/kg），把番茄放入溶液中浸 1 min，捞出放在 25℃左右的密闭条件下催熟，4～6 天转色变红。

第五章

灌溉和施肥

一、番茄灌溉

番茄定植成活后，灌水以保持畦土湿润稍干为宜。降雨时应注意排水，防止忽干忽湿，以减少裂果及顶腐病的发生。在开花前 2～3 天和第一穗果实长至 3 cm 大小，第二穗果实坐住时开始浇水，以后在每穗果实膨大之前要各浇一次开花水和催果水。

在冬季 12 月到翌年 2 月均应采取膜下暗灌浇小沟的方式，避免棚内空气湿度过高，发生病害。一般根据情况每 15～20 天浇一次水，在 3 月以后可以每 10～15 天浇一次水。在严冬季节，浇水原则是尽量浇小水，可用喷壶浇水或移动皮管浇水，避免大水漫灌。

二、番茄施肥

番茄定植后的追肥，也应视植株长势而定，当叶色浓绿，叶片卷曲等，表明肥力充足；相反，叶片变薄，叶色变浅，新出枝梢变细，下叶过早黄化等，表明肥力不足，应及时追肥。虽然在定植时，已经施足基肥，但还需施用追肥，在第一次果穗开始膨大时再追第二次肥，即攻秧攻果肥，要注意氮磷钾肥料的合理配比，以 1∶0.3∶1.8 为宜，避免氮肥施用过多，钾肥供应不足的现象。为促进果秧正常生长，以后在每穗果实膨大时（长至 3 cm 大小时）还应追一次肥，施肥量与第二次相同根据植株长势来定，施用约占整个追肥量 30%～40%。另外采用 CO_2 施肥可以提高产量。有研究数据表明：保护地内 CO_2 浓度提高到 0.1%，可提高产量 10%～30%。秋冬春茬口，在后期注意叶面喷肥，可用 0.5% 浓度的尿素和 0.3% 浓度的磷酸二氢钾等进行叶面喷洒，以防早衰。

三、实用灌溉施肥技术

（一）滴灌施肥技术

滴灌施肥技术是在压力水源的条件下，利用施肥装置将肥液注入施肥系统，以较小流量均匀稳定地输送到作物根区土壤的一种施肥浇水方法。建议每畦铺设两条滴灌管（带），滴头朝上，滴头间距一般 30 cm。施肥装置一般为压差式施肥罐或文丘里施肥器，施肥罐容积一般不低于 13 L（施肥罐最好采用深颜色的筒体，以免紫外线照射产生藻类堵塞滴灌系统）。肥料要求：常温下能够溶解于灌溉水；与其它肥料混合不产生沉淀；不会引起灌溉水酸碱度的剧烈变化；对滴灌系统腐蚀性较小。常用肥料：一般分为自制肥和专用肥。自制肥是指选用溶解性好的单质肥料或复合肥料临时配制的滴灌肥，原料一般选用尿素、磷酸二氢钾、硝酸钾、硝酸铵、硝酸钙、磷酸、硝酸镁、螯合态微肥等。由于自制肥的各元素（尤其是微量元素）间有一定的颉颃反应，可能产生沉淀而堵塞滴灌系统，建议使用滴灌专用肥。

（二）覆膜沟灌技术

覆膜沟灌施肥包括膜上沟灌施肥（适宜偏砂质土壤）、膜下沟灌施肥（适宜于偏黏质土壤）。膜上沟灌施肥是将地膜平铺于畦中或沟中，畦、沟全部被地膜覆盖，利用施肥装置及输水管路在地膜上输送肥水混合液，并通过作物的放苗孔和灌水孔入渗到作物根部的灌溉施肥技术。膜下沟灌施肥是将地膜覆盖在灌水沟上，利用施肥装置及输水管路将肥水混合液从膜下灌水沟中输送到作物根系附近的灌溉施肥技术。

为在覆膜沟灌条件下实现水肥一体，可将施肥装置与输水管路进行了组装，通过在输水管路的首部安装文丘里施肥器或压差式施肥罐，将肥料溶于灌溉水中，并随灌溉施入蔬菜根系附近。选用 ϕ100 的线性低密度聚乙烯塑料软管（LLDPE 塑料软管）作为主管路，主管路上正对每个灌水沟处配一长 30～50 cm 的 ϕ50 支管。支管伸至灌水沟的膜下（膜下沟灌）或置于灌水沟的膜上（膜上沟灌）。灌水时可以同时打开 4～5 个支管，可以方便地将水输送至每一灌水沟，还可通过调整支管的位置适应不同的株行距。

第六章 病虫害控制

一、番茄常见病害及防治

番茄易发生多种病虫害，有一些病虫害若不及时防治，会对番茄产量造成严重影响，其中包括早疫病、灰霉病、菌核病和根结线虫等病害，也包括粉虱、蚜虫和蓟马等虫害。

（一）番茄黄化曲叶病毒病

【症状识别】植株节间缩短、矮化，叶片变小、黄化、卷曲，中、上部叶片在叶脉间出现褪绿色小斑点，后发展成淡黄色，或全叶变鲜黄色，叶片硬化，向背面卷曲，叶脉仍保持绿色。花朵减少，开花延迟，坐果少而小，成熟期果实转色不正常，且成熟不均匀。

【发生规律】病毒随多年生宿根植株和随病株残余组织遗留在田间越冬，也可由种子带毒越冬。病毒主要通过种子、汁液摩擦、传毒媒介昆虫及田间农事操作传播至寄主植物上，进行多次再侵染。病毒喜高温干旱的环境，最适发病环境温度为20～25℃，相对湿度80%左右；最适病症表现期为成株结果期。发病潜育期15～25天。年度间高温少雨，蚜虫、温室白粉虱、蓟马等传毒媒介昆虫大发生的年份发病重。防治媒介害虫不及时、肥水不足、田间管理粗放的田块发病重。

【传播途径】带毒烟粉虱传播，带毒种苗传播。

【防控措施】

（1）选用抗病品种，目前综合性状很好的抗病品种不多，大果型品种可选：‘金棚 10 号’‘金棚 11 号（粉）’‘金棚 A150 号’‘金棚 901 号’‘欧拉’‘朝研 KT-10’‘达纳斯’‘荷兰 8 号’‘302（红）’‘迪抗’‘超级红宝’‘迪维斯’‘超级红运’‘格纳斯’‘福克斯’‘泰克’‘迪粉特’‘德塞 T-9’‘安诺尔 F1’‘以色列 2012 F1’‘大卫’‘歌德’‘库克’‘威霸 0 号’‘威霸 1 号’‘威霸 5 号’；樱桃番茄可选：‘戴尔蒙德’‘圣樱 A 型’‘迪兰妮’‘粉妹 1 号’‘千粉 1101 F1’‘千粉 1106 F1’‘千粉 1109 F1’‘安得利 2 F1’‘粉牡丹’‘台南红丽 2 号 2 F1’、迪丽斯系列（1 号、2 号、3 号）、‘圣桃 3 号’‘梅多’。

（2）培育无病苗，育苗前棚室消毒灭虫，风口覆盖 50～60 目防虫网，挂黄板诱杀烟粉虱。

（3）无病栽培，移栽前灭虱清园，风口覆盖 50～60 目防虫网，移栽无病苗。

（4）拉秧番茄植株灭虫处理，夏季闭棚高温闷杀，严冬开棚冷冻。

图 6-1　番茄黄化曲叶病毒病

(5) 药剂防治可选用 20% 吗胍·乙酸铜可湿性粉剂、0.5% 香菇多糖水剂等防治喷施（图 6-1）。

（二）番茄灰霉病

【症状识别】番茄灰霉病对番茄叶、茎、花、果实均形成侵染，但以危害青果较为严重。叶片染病，多从伤叶或长时间结露的叶尖或叶缘处开始侵染，呈“V”字形向内扩展，初呈水渍状，后发展为黄褐色并具有同心轮纹病斑。茎部染病多从整枝处侵染，环境潮湿时产生灰色霉层，若不及时清除，后扩展至茎部一圈染病，导致植株坏死。花期或坐果后发病，多从残留的柱头或开败的花瓣处侵入，沿花瓣向果实或果柄侵染，致使果柄形成灰褐色坏死斑，空气潮湿时病果腐烂，并产生厚灰色霉层，造成大量减产。

【发生规律】灰霉病病菌可以菌核、菌丝和分生孢子残留在土壤中越冬，条件适宜时产生分生孢子随气流、雨水及农事操作传播，经伤口或长势较弱植株侵入。该病菌生长适宜温度为 20～23℃，空气相对湿度 90% 且弱光照发病严重。番茄花期多阴雨天，保护地低温高湿有利于病害发生。

【传播途径】主要通过气流、病残体、农事操作传播。主要在花期和果实膨大期侵染。

【防控措施】

(1) 育苗和移栽前采取药剂或臭氧进行棚室表面消毒灭菌。

(2) 采取局部二期联防预防烂果，即开花期和果实膨大期，浇催果水前采用药剂重点针对花和果实喷雾防治。

(3) 清洁田园。整地前及时清除病残体，减少菌源；定植前进行高温闷棚，或采用熏蒸法对棚室表面进行消毒；作物生长期内及时清除病花病果，避免病菌扩散再次侵染。

(4) 加强田间管理。遇连续阴雨天或雾霾天气，切忌浇水、喷药，防止湿度再度增加，在保证棚内温度同时适时通风。在番茄坐果后，应及时摘除柱头，防止侵染果实。

（5）药剂防治应重视番茄花期和浇催果水前的防治，针对性地喷花和喷果保护果实不受侵害，可选用 3 亿 CFU/g 哈茨木霉菌可湿性粉剂、40% 小檗碱水机、2 亿个 /g 木霉菌可湿性粉剂；也可选用 500 g/L 异菌脲悬浮剂、400 g/L 嘧霉胺悬浮剂、50% 啶酰菌胺水分散粒剂进行喷施（图 6-2）。

图 6-2　番茄灰霉病

6.1.3 番茄早疫病

【症状识别】染病后在叶片、叶柄、分枝和茎秆上形成褐色坏死小点，后发展成近圆形褐色具有同心轮纹坏死斑，边缘黄绿色，多个病斑相互连接致叶片变黄枯死。叶柄、分枝和茎秆染病，多形成椭圆形不规则形褐色坏死斑，明显凹陷，常具有同心轮纹，表面粗糙，易从病部折断。青果染病，多始于花萼附近，初为椭圆形或不规则形褐色斑，凹陷，病部较硬，后期果实开裂。空气潮湿时，病斑表面产生灰黑色霉状物，即病菌的分生孢子梗和分生孢子。

【发生规律】早疫病病菌以菌丝或分生孢子在病残体或种子上越冬，可随气流、微风、雨水溅流传染到寄主上，并从气孔、皮孔或表皮直接侵入，形成初侵染。当环境温度较高、湿度较大时有利于发病，植株进入1～3穗果膨大期时，在下部和中下部较老的叶片上容易发病，并发展迅速，番茄生长期内连续阴雨或田间管理粗放，缺肥，植株生长衰弱，发病较严重。

【传播途径】通过病菌孢子借气流、雨水多次传播和侵染，可从气孔、皮孔或表皮直接侵入。

【防控措施】

（1）选用抗病品种，在早疫病重病区选用抗病品种，一般早熟、窄叶品种发病较轻。

（2）注意轮作，可与非茄科作物进行两年以上的轮作。在选择育苗床时，也要引起足够的重视。

（3）种子处理，从无病地块、无病植株上留种，并对采后种子进行72 h 70℃的干热处理。播种前可使用52℃温水、自然降温处理30 min，然后冷水浸种催芽。

（4）做好田间清洁，采收后彻底清除田间病残组织及落叶。生长期内及时清除病叶，减少菌源。施足底肥，并配合增施磷钾肥，生长期适时追肥，避免植株脱肥早衰，增强寄主抗病能力。

（5）药剂防治，发病初期可选用 500 g/L 异菌脲悬浮剂、70% 丙森锌可湿性粉剂、35% 氟菌·戊唑醇悬浮剂、52.5% 噁酮·霜脲氰水分散粒剂、250 g/L 嘧菌酯和 10% 苯醚甲环唑水分散粒剂、50% 异菌脲可湿性粉剂、0.3% 多抗霉素水剂等进行喷雾防治。为防止产生抗药性提高防效，应轮换交替使用药剂防治。每隔 7 天喷药 1 次，连续施药 2～3 次。

（四）番茄晚疫病

【症状识别】晚疫病对番茄茎、叶、果均可侵染。叶部感病时，病菌多先从叶尖或叶缘侵入，初为灰绿色小点，后变成不规则形暗绿色水渍状病斑，后变为褐色。温度湿度适宜时，叶片病健交界处产生白色霉层。叶柄和茎部染病时，形成褐色不规则形坏死斑，病部表面粗糙。青果期果实易染病，果实表面形成不规则褐色坏死斑，空气潮湿时产生白色霉层。

【发生规律】番茄晚疫病病菌在病残体上或随病残体在土壤越冬，条件适宜时产生孢子囊随空气传播。保护地低温高湿有利于发病，该病菌发育适宜温度在 20℃左右，相对湿度在 95% 以上或有水膜时易发病，田间植株茂密、地势低洼、偏施氮肥、早晚雾霾严重发病严重。

【传播途径】通过气流、浇水和农事操作传播蔓延。

【防控措施】

（1）注意调节棚室内温湿度，合理浇水、适时通风，避免棚内湿度长时间过大。

（2）发现中心病株及时摘除病叶，带出田间集中处理。发现病株后马上施药防治，控制浇水，提高温湿度管理水平，进行高温闷棚，使棚室温度维持在 30～38℃，维持 2 h 以上。

（3）加强田间管理，合理密植，氮、磷、钾肥配合施用，发病初期及时清除带病植株，收获后彻底清除病残体，集中妥善处理。

（4）药剂防治，发病初期可选用 250 g/L 嘧菌酯悬浮剂、70% 丙

图 6-3　番茄晚疫病

森锌可湿性粉剂、100 g/L 氰霜唑悬浮剂、72% 霜脲· 锰锌可湿性粉剂、3% 多抗霉素可湿性粉剂、0.5% 氨基寡糖素水剂、2% 几丁聚糖水剂、0.3% 丁子香酚可溶液剂等进行喷施（图 6-3）。

（五）番茄叶霉病

【症状识别】番茄叶霉病在番茄的叶、茎、花、果实上都会出现症状，但是常发生在叶片上，该病多从植株下部叶片开始发病，初期在叶片正面出现褪绿浅黄色斑，随后在叶背面病斑上长出初期为乳白色，后为黄褐色至紫褐色绒状霉层，严重时，叶片上多个病斑相互连接致叶片卷曲枯死，最终导致整株死亡。

【发生规律】番茄叶霉病病菌主要以菌丝体或菌丝块在病株残体或土壤内越冬，或分生孢子可附着在种皮越冬。播种带菌种子，幼苗即可染病，发病后病菌通过气流进行传播侵染。该病菌喜高温、高湿环境，发病最适气候条件为温度20～25℃，相对湿度90%以上发病严重。保护地多年连作、排水不畅、通风不良、田间过于郁闭、空气湿度大的田块发病较重，天气连续阴雨或雾霾较严重有利于病害发生。

【传播途径】病菌通过空气传播，从叶背的气孔侵入。

【防控措施】

（1）选用抗病品种，播种前进行温汤浸种，对种子进行消毒。

（2）合理轮作，重病棚室选择与非茄科类蔬菜进行2～3年轮作，减少田间菌源。

（3）加强棚室管理，适当控制浇水，浇水后及时通风，避免长时间闷棚。及时整枝打杈、植株下部老黄叶片尽快摘除，有利于通风透光。使用配方肥，避免氮肥过多，适当增加磷、钾肥。

（4）发病初期进行药剂防治，可选用42.8%氟菌·肟菌脂悬浮剂、42.4%唑醚·氟酰胺悬浮剂、10%多抗霉素可湿性粉剂、2%春雷霉素水剂、47%春雷·王铜可湿性粉剂、250 g/L嘧菌酯悬浮剂或50%甲基硫菌灵可湿性粉剂喷雾防治（图6-4）。

图6-4　番茄叶霉病

（六）番茄溃疡病

【症状识别】溃疡病是细菌性维管束病害，在番茄全生育期均可发生。番茄幼苗发病真叶由下向上萎蔫坏死，嫩茎或叶柄上产生凹陷坏死斑，剖茎可见维管束变色，终致幼苗枯死。成株发病多由下向上，由局部枝叶向全株发展。在叶柄、侧枝或主茎上形成灰白至灰褐色条状枯斑，剖茎可见髓部变空，维管束变褐。果实染病，表面产生边缘乳白色“鸟眼”斑。病株上长出的病果多为空心畸形果。

【发病条件】该病菌可在种子内或随病残体越冬，病菌主要通过水流传播，经伤口、气孔或表皮侵入。该病在温暖潮湿环境下易发病，发病后偏失氮肥、大水漫灌，病害扩展迅速。

【传播途径】病菌从伤口侵入，带病种苗是病害传播的主要途径。发病后通过田间操作，浇水或使用带有病残体的未腐熟有机肥传播。雨水也可传播，夏季多雨，温室高湿，此病极易发生。

【防控措施】

（1）选用无病种子，播种前进行温汤浸种，对种子进行消毒。

（2）与非茄科蔬菜实行轮作，采用高畦地膜滴灌，或膜下暗灌或管灌等方式栽培。

（3）加强水肥管理，露水干后进行操作管理，尽量减少各种伤口。

（4）发病初期及时整枝打杈，摘除带病植株，病后注意水肥管理，避免偏施氮肥、大水漫灌。

（5）药剂防治可选用46%氢氧化铜水分散粒剂喷雾。

（七）番茄根结线虫病

【症状识别】根结线虫病只在根部发生，幼苗期主要侵害主根，成株期和半成株期多侵害幼嫩侧根和细根。根部受害时形成很多大小不等、形状不同的瘤状根结，表面粗糙，初期乳白色至乳黄色。解剖根结，病部组织内有很小的乳白色线虫。地上部症状不明显，主要表现为生长不良、矮小，空气干燥时植株萎蔫。

【发生规律】根结线虫以卵或 2 龄幼虫在土壤中越冬。环境条件适宜时，越冬卵孵化为幼虫，从嫩根侵入生长发育繁殖，刺激根细胞增生，形成瘤状根结，新生代根结线虫幼虫，2 龄后离开卵壳，借灌溉水和雨水的传播，进入土中侵入根系进行再侵染，加重危害。根结线虫多分布在距表土 20 cm 的土层内，主要在 3～10 cm 土层活动。中性砂壤、结构疏松的土壤发病严重，连作时间长受害严重。一般南方根结线虫在北方地区露地不能越冬，因此保护地受害较重。

【传播途径】带病植株或幼苗，带病土壤、农具等传播。

【防控措施】

（1）选用抗线虫品种，如‘仙客 5’‘仙客 6’‘仙客 8’‘秋展 16’等。

（2）彻底清洁田园，在前茬拉秧后仔细清除植株残根，带出田园

图 6-5　番茄根结线虫病

集中销毁。

(3) 土壤消毒：采用 20% 辣根素水乳剂在定植前开展土壤消毒工作。消毒前将滴灌管平铺于垄上，覆严地膜，首先用清水将土壤滴湿，随后滴入 20% 辣根素水乳剂，密闭熏蒸 5～7 天，最后揭开地膜，散除气味 3 天后即可定植。20% 辣根素水乳剂土壤消毒每 667 m^2 用量 3～5 L。

(4) 药剂防治：可选用 41.7% 氟吡菌酰胺悬浮剂、10% 噻唑膦颗粒剂、5 亿活孢子 /g 淡紫拟青霉颗粒剂种植前施用，还可使用 0.5% 阿维菌素可溶液剂灌根防治（图 6-5）。

（八）番茄菌核病

【症状识别】叶片染病，形成水渍状坏死大型病斑，在病部表面产生絮状白霉，干燥时快速坏死干枯。茎部染病，病部产生絮状白霉，后期转变为鼠类状菌核，病茎变空。果实受害多呈暗绿色水渍状软腐，后期形成黑色菌核，随病情发展，病果腐烂脱落。

【发生规律】番茄菌核病主要以菌核在土中越冬，萌发时产生子囊盘及子囊孢子，借气流传播，先侵染衰老叶片及果托等处，再进一步侵染果实及茎。温度 15℃左右，湿度 85% 以上利于发病。菌核掉落在土壤中可存活多年。

【传播途径】菌核产生子囊盘，子囊盘释放孢子经气流、浇水传播。

【防控措施】

(1) 早期密切注意田间，发现地表面长出细小蘑菇状的病菌子囊盘立即铲除，防止形成菌核掉落土中。

(2) 加强田间管理，整地前彻底清除植株病残体，深翻土壤，深度要求达到 25 cm，将菌核埋入深层土壤。重病棚室，可采用高温闷棚方法处理土壤。生长期发现病叶、病株、病果及时清出棚外集中妥善处理。

（3）土壤消毒：方法参见根结线虫。

二、番茄常见虫害及防治

（一）棉铃虫

【危害特点】棉铃虫以幼虫蛀食植株的花蕾、花器、果实、种荚。也钻蛀茎秆、果穗等。早期食害嫩茎、嫩叶和嫩芽。花蕾和花器受害之后，苞叶张开，变成黄绿色，易脱落。果实和种荚常被蛀空或引起腐烂。

【形态特征及发生规律】棉铃虫属于鳞翅目夜蛾科，成虫体长15～20 mm，翅展27～38 mm。雌蛾赤褐色，雄蛾灰绿色。前翅翅尖突伸，外缘较直，斑纹模糊不清，中横线由肾形斑下斜至翅后缘，外横线末端达肾形斑正下方，亚缘线锯齿较均匀。后翅灰白色，脉纹褐色明显，沿外缘有黑褐色宽带，宽带中部2个灰白斑不靠外缘。前足胫节外侧有1个端刺。幼虫老熟幼虫长40～50 mm，初孵幼虫青灰色，以后体色多变。

成虫昼伏夜出，晚上活动、觅食和交尾、产卵。成虫有取食补充营养的习性，羽化后吸食花蜜或蚜虫分泌的蜜露。雌成虫有多次交配习性，羽化当晚即可交尾，2～3 d后开始产卵，产卵历期6～8 d。产卵多在黄昏和夜间进行，喜欢产卵于嫩尖、嫩叶等幼嫩部分。成虫飞翔力强，对黑光灯，尤其是波长333 nm的短光波趋性较强，对萎蔫的杨、柳、枫杨、刺槐等枝把散发的气味有趋性。

幼虫一般6龄。初孵幼虫先吃卵壳，后爬行到心叶或叶片背面栖息。2龄幼虫除食害嫩叶外，开始取食幼蕾。3龄以上的幼虫具有自相残杀的习性。5～6龄幼虫进入暴食期，每头幼虫一生可取食蕾、花、铃10个左右，多者达18个。

【防治措施】

（1）冬季和早春翻地灭蛹，减少田间越冬虫源。

图 6-6　棉铃虫

(2) 成虫对黑光灯、高压汞灯有较强的趋性，特别是高压汞灯的有效诱杀半径约 80～160 m。或使用杨树枝把、性诱剂诱蛾。

(3) 结合田间管理随整枝打杈摘除带卵叶片、果实、嫩梢等。

(4) 药剂防治可选用 10% 溴氰虫酰胺可分散油悬浮剂、5 g/L 虱螨脲乳油等喷施（图 6-6）。

（二）粉虱

【危害特点】粉虱主要以白粉虱和烟粉虱危害严重，成虫和若虫吸食寄主植物的汁液，致叶片褪绿、变黄、萎蔫，甚至全株枯死。同时分泌大量蜜露诱发煤污病，影响叶片光合作用，污染叶片和果实，严重时使果实失去商品价值。同时，粉虱还传播多种病毒。

【形态特征及发生规律】成虫的区别：烟粉虱体形偏瘦小，体长 0.85～0.91 mm，而温室白粉虱 0.99～1.06 mm，略大于烟粉虱；烟粉虱静止时翅合拢呈屋脊状，温室白粉虱合拢较平坦。蛹的区别：烟粉虱的蛹为淡绿色或黄色，温室白粉虱的蛹为白色至淡绿色。

烟粉虱的成虫有明显的趋嫩性，成虫主要在植株顶部嫩尖处危害，随着植株的生长逐渐由下部向上部叶片移动。成虫产卵于叶背，卵为长梨形，成虫还有背光性，主要活动在叶背。烟粉虱在植株上形成垂直分布，上部为成虫，中下部为卵、若虫和蛹。调查虫量时应查看叶背。烟粉虱的寄主范围更广，温室粉虱不危害棉花、十字花科蔬菜等这类植物。因此发生在棉花、白菜、甘蓝、萝卜、菜花上的粉虱一定是烟粉虱，而其他作物有混合发生的可能。烟粉虱传毒能力强，传播 30 种植物 70 多种病毒，且适应性更强，可忍耐 40℃高温。

温室白粉虱不耐低温，1 年可发生 10 余代，以各种虫态在保护地内越冬为害，春季扩散到露地，9 月以后迁回到保护地内。成虫不善飞，有趋黄性，群集在叶背面，具趋嫩性，故新生叶片成虫多，中下部叶片若虫和伪蛹多。交配后，1 头雌虫可产 100 多粒卵，多者 400～500 粒。此虫最适发育温度 25～30℃，在温室内一般 1 个月发生 1 代。

【防治措施】

（1）收获后及时清理田间杂草和植株残体，保护地种植需清除温室外杂草，以减少田间虫源。

（2）注意安排茬口、合理布局。在温室、大棚内，黄瓜、番茄、茄子、辣椒、菜豆等不要混栽，有条件的可与芹菜、韭菜、蒜、蒜黄等间套种，以防粉虱传播蔓延。

（3）培育无虫苗育苗时要把苗床和生产温室分开，育苗前先彻底消毒，幼苗上有虫时在定植前清理干净，做到用做定植的种苗无虫。挂设防虫网，规格以 50 目为宜。

（4）利用粉虱对黄色，特别是橙黄色有强烈的趋性，在作物生长点 3～5 cm 处，悬挂黄板诱杀，每 667 m^2 设置 30～40 块及时悬挂黄板诱杀成虫。

（5）药剂防治：可选用 50% 噻虫胺可分散粒剂、25% 噻虫嗪水分散粒剂、400 亿孢子 /g 球孢白僵菌可湿性粉剂、99% 矿物油杀虫剂、10% 溴氰虫酰胺可分散油悬浮剂、22.4% 螺虫乙酯悬浮剂喷施。

（三）斑潜蝇

【危害特点】幼虫潜食叶肉，形成蛇形弯曲的被害潜道，多为白色，有的后期变成铁锈色，白色隧道里交替排列黑色线状粪便。植株幼嫩时期受害重，虫口多时叶片上潜道密布，短期内即枯黄坏死。成虫产卵和取食形成产卵点和取食点，影响寄主正常光合作用。

【形态特征及发生规律】斑潜蝇成虫体长 2 mm，胸、腹部灰黑色，额鲜黄色；卵椭圆形，米色；幼虫蛆状，初孵时无色，渐变黄橙色，老熟幼虫长约 3 mm。

斑潜蝇通常在保护地内越冬，春秋两季是斑潜蝇的高发生期，在北京地区一年可发生多代，在喜食植物上种群增长快。研究表明成虫有趋黄性，在管理粗放、施用杀虫剂较少地区发生严重。

【防治措施】

（1）实行与非喜食蔬菜轮作，北方地区冬季进行 1～2 月空棚。

（2）收获完毕，即彻底清除田间植株残体和杂草，有虫植株残体必须高温堆沤处理。保护地在尚未拉秧前 40℃以上高温闷棚，杀死残存虫蛹。夏季深翻土壤高温闷棚。

（3）斑潜蝇轻发区加强调查，发现受害叶片及时摘除，并悬挂黄色粘虫黄板，诱杀成虫。

（4）药剂防治需注意交替使用不同药剂，防止害虫产生抗药性。防治成虫喷药宜在早晨或傍晚进行，可选用 10% 溴氰虫酰胺可分散油悬浮剂、4.5% 高效氯氰菊酯乳油、16% 高氯杀虫单喷雾进行防治。

第七章

收获、准备和产品的销售

一、收获

收获是指取得成熟的番茄果实，成熟的番茄果实可以用手或修枝剪来收获。

收获是番茄种植过程中重要的环节之一，收获时间尤为重要，当果实完全变色后，应选择傍晚或清晨温度较低时进行采收，采收后的产品应暂时存放在通风处，尽快销售或预冷处理。

番茄采收时间不当不仅会对番茄产量有很大影响，还会增加人工成本。采收时间过早，会导致果实较小、番茄口感和香味变差、外形难看、色泽和品质差等问题；采收时间过晚，又会出现果实储存时间减少、易腐烂、果实外表易损伤、植株生长受影响等问题（图 7-1）。

图 7-1　番茄采收

二、产品准备

在如今食品安全问题日益严重的大背景下，消费者不仅要求产品质量、味道好，更对食品安全、包装提出更高要求，相应的安全标签和品牌可追溯就变得更不可少。

番茄生产者将采收后的番茄清洗，按照果实大小和色泽分级，根据市场需求和消费者喜爱分别包装，运往超市或顾客家中（图 7-2、图 7-3）。

图 7-2　番茄产品

图 7-3　蔬菜产品

三、销售和储存

在销售过程中消费者起主导作用，消费者在购买番茄产品时，首先关注的是番茄外观，如色泽、鲜亮度、包装等，随后考虑番茄的内在品质，如番茄品种、口感、维生素含量等，近些年食品安全问题越来越受到消费者重视，农药残留等问题致使是否贴有绿色安全标签也变得尤为重要。

对于番茄生产者来说，销售番茄有两种截然不同的方式，传统的农户依旧采用在市场或路边销售番茄产品的方式，而随着互联网的日益发达，消费者网上预订番茄，次日配送到家或生产者与微信电商联合，参与团购活动等销售方式的出现，也在方便百姓的日常生活。

四、储存

番茄是易腐烂的高水分含量果实。因其储藏时间短，很多番茄因不能及时运送到市场或消费者手中而腐烂，这就要求生产者有储藏仓库妥善保存番茄产品。

成熟的番茄在温度 2～4℃，湿度 80%～90% 环境下可较好地储存 10 天，并保持新鲜和营养。温度太低，西红柿会失去鲜味，温度过高又会增加腐烂的速度。不同成熟度的番茄应分开储存，切记不可混在一起。

第八章

记录、跟踪和认证

一、记录

（一）记录的重要性

农事记录可以帮助操作者养成良好种植习惯，为操作者提供种植参考。农事记录可以详细记录种植过程中的投入及产出，帮助掌握病虫害发生规律，做到精细化管理，正确规范合理地操作，发挥科技手段的巨大威力，最终达到实现农作物效益最大化的目的。

1. 总结经验教训，作为日后工作的参考

通过对农事操作原始数据的记录、分析和总结，为农事操作提供有力的参考数据，同时便于对质量和存在问题监督检查，日后再做类似农事操作时，就会少走弯路，提高工作效率。

2. 便于工作的回溯，分清责任

将农事操作中的每一个步骤详细记录下来，当种植出现问题时就可以进行回溯，查明问题到底出在什么地方，责任人是谁，最终找到解决办法，使农业管理逐步走向规范化、制度化。

3. 帮助农事操作者提高工作能力，提高整体素质

目前农事操作者以农民居多，知识水平有限，种植素质相对较低。通过良好的农事记录，可以有依据、有针对地对工作中出现的问题提出解决措施，帮助提高其工作能力，提高整体素质。而工作能力

及整体素质的提高，可明显提高工作效率和工作质量。

（二）农事记录的要求

1. 必备工具：田间档案记录本、可长久留存字迹的水笔或签字笔。禁止使用铅笔进行农事记录。

2. 记录的要求：及时性、真实性。

3. 检查：由相关植保植检单位定期监督记录。

4. 记录保存：记录完毕后，由相关植保植检单位依日期先后归档，以备查询，避免损坏、变质、丢失。

（三）记录内容

1. 基本信息记录

（1）种植者信息（姓名、教育水平、联系方式）

（2）生产类型（温室、露地、大棚）

（3）认证类型（无公害、绿色、有机）

（4）历史栽培记录（前2年种植品种、主要病虫害、药剂和肥料前茬使用量、金额和票据等情况）

（5）用工情况（工作时间、工资）

（6）地块属性（租用、自建）

（7）生产设备（投入金额、使用年限、覆盖面积）

（8）包装/贮存（包装规格、贮存数量、贮存状态）

（9）销售情况（时间、数量、规格、收购商信息）

（10）运输记录（承运人、消毒情况、相关协议）

如有条件，记录还应包括种植环境相关信息，如：灌溉水源、土壤分析（pH、EC值，有机质含量和质地组成）（表8-1）。

2. 生产记录

依据北京市蔬菜病虫全程绿色防控技术体系，种植番茄应从育

表 8-1　农事记录基本信息

种植者姓名		文化程度		联系方式	
生产类型		1. 温室　2. 露地　3. 大棚			
地块认证类型		1. 无公害　2. 绿色　3. 有机			
现种植茬口	蔬菜名称	面积（667 m²）	产量 (g)	销售价格（元/g）	
前茬作物	主要病虫害		药剂、肥料使用情况		
工人工资	1.　元/月		2.　元/工时		
地块属性	1. 租用	年租金	元/667 m² 元/棚		
	2. 自建	类别	总价（元）	使用年限（年）	
		大棚建设（含土建、钢架等）			
		棚膜			
		棚外苫被			
生产设备	名称	单价（元）	使用年限（年）	覆盖面积（667 m²）	
	旋耕机				
	滴灌设备				
	施药器械				
	残体处理设备				
	自动卷帘机				
	温控设备				
包装	是/否	包装规格			
贮存	是/否	贮存数量			
贮存状态		1. 冷藏贮藏 2. 冷冻贮藏 3. 通风贮藏 4. 常温贮藏			
销售时间	销售数量	销售规格	收购商信息		
承运人	车辆消毒情况	相关/其他协议			

苗、产前、产中和产后 4 个时间段详细记录种植管理情况。种植结束后还应记录种植全程总用水、电量及金额，以及总用工工时，如雇佣工人，还应记录工资金额。

（1）育苗记录。育苗记录日期应从育苗准备之日算起，至移栽之日结束。记录时着重填写基质及种子类别、购买时间、数量、金额及供应人，以及是否索取发票，除此以外还应记录棚室、种子消毒情况。

（2）产前记录。产前记录日期应从定植或播种（直播）准备之日算起，至定植或播种之日结束。记录时着重填写全员清洁、棚室及土壤消毒情况，施用底肥种类、数量及金额，除此以外还应记录种苗处理情况，如购买种苗还应记录种苗类别、购买时间、数量、金额及供应人，并索取发票。

（3）产中记录。产中记录日期应从定植（或直播）之日算起，至拉秧之日结束。记录时着重填写浇水、追肥、打药和采收情况。每次浇水应记录日期、用水量。追肥和打药时除记录日期、施用量外，还应记录肥料（药剂）种类及施用方式。

（4）产后记录。产后记录日期应从拉秧之日算起，至植株残体全部处理完毕之日结束。记录时着重填写植株残体及农业废弃物处理情况。

3. 病虫害记录

目前随着番茄种植面积的增加，种植技术的不断完善，过去单一的露地栽培，逐步被地膜覆盖、高畦栽培和温室大棚所取代，种植条件的改善也为番茄病虫害发生提供良好的环境条件。因此加强番茄病虫害记录也变得尤为重要。

在番茄栽培过程中第一次观察到问题时的病害、虫害都应及时记录下来，如发生时间、植株受害数量或密度、发病部位、目前所处生长状态、病虫害表现症状、种植者采取防治方法、使用药剂种类及用药量以及其他种植者认为的重要信息（表 8-2）。

表 8-2 病虫防害记录

发病时间	检测到病虫害名称	病虫害发生率	植株生长期及受害部位	使用药剂名称	成分及配比	施用量	负责人	备注

4. 气候的记录

不论是在露地还是棚室内种植番茄，都需要了解当地气候条件。连续低温阴雨天气会导致病害发生，温暖干燥的气候又给虫害流行提供温床。在种植番茄时日温、夜温、相对空气湿度是种植者需每日记录的基本气候信息，有条件者还应记录空气中 CO_2 相对浓度，遇到霜冻、阴霾、连续降雨和持续高温等特殊天气，还应记录天数、降雨量等信息（表 8-3）。

表 8-3 气候记录

日期	日温	夜温	相对湿度	备注

5. 产量记录和经济效益分析

番茄第一次采收时应开始产量记录，包括每次采收日期、采收量、销售价格，到种植结束后可获得总收入金额，并结合之前记录的农资、药剂和肥料支出情况，可计算出本季种植番茄最终盈利情况（表 8-4）。

表 8-4 产量记录

采收日期	采收量	销售价格	总收入

一套完整的农事记录可与之前的种植记录进行对比，不仅可以分析问题，更为重要的是总结种植经验，为下次种植提供有力的数据参考。

二、认证

目前世界上有很多关于食品和农业的认证。如 HACCP（危害分析和关键环节控制点）、BRC（英国零售商协会）、IFS（国际食品标准）、GLOBALG.A.P（管理体系审核与产品认证）等。我国也有如 QS 标识（企业食品生产许可），正、倒“M”连接标识（国家免检产品）等认证认可(图 8-1、图 8-2)。认证对于生产者和消费者来说均是一种保证。对于种植者来说，不仅保证他们的产品是在有记录可查、安全的情况下生产的，且不含对人体健康有害的化学残留，在生产过程中严格遵守相关法律法规，未对环境造成伤害，更为重要的是可以提升自己产品的品牌价值，更具市场影响力。对于消费者来说看到认证标识可以确定所消费产品是绝对安全、健康的，可放心购买，安全食用。

在中国农业产品认证中主要有无公害认证、绿色认证、和有机认

质量安全

图 8-1　企业食品生产许可标识

国家免检产品
国家质量监督检验检疫总局
AQSIQ

图 8-2　国家免检产品标识

证三类（图 8-3～8-5）。三者区别除认证机构不同外，主要表现在种植产品时化学药剂使用限制情况。

无公害认证则要按照无公害农产品质量安全标准，对未经加工或初加工的食用农产品产地环境、农业投入品、生产过程和产品质量等环节进行审查验证，经评定合格后方可颁发无公害农产品认证证书。

绿色认证有三个显著特征：① 强调产品出自最佳生态环境。② 对产品实行全程质量控制。③ 对产品依法实行标志管理。

有机认证是在生产加工过程中绝对禁止用农药、化肥、激素等人工合成物质。

图 8-3　左 A 级绿色食品标识，右 AA 级绿色食品标识

图 8-4　无公害产品标识

图 8-5　有机产品标识

第九章

环境卫生、废弃物和污染管理

不仅工业发展中产生的垃圾可以污染环境，农业生产中产生的垃圾也能对环境产生面源污染。与工业污染的排污口直接与水体相连不同，农业行为绝大多数是在土地上发生，污染排放也首先发生在土壤上，土壤中有机质含量连年下降，土壤结构破坏、质量下降，然后通过雨水淋溶进入水体。农业面源污染通常是指农田泥沙、营养盐、农药及其他污染物，在自然降水或灌溉中，通过农田地表径流、潜层流、农田排水和地下渗漏，进入水体而形成污染，尤其是过量的化学肥料、防治病虫害的化学药剂、燃烧废弃农资产生的废气等。数据表明，2013 年种植业化肥施用量 5911.9 万 t，盲目施肥、过量施肥现象普遍，而肥料利用率却较低，氮肥当季利用效率为 30%～40%，磷肥利用效率只有 15%～20%，钾肥利用率较高也仅为 40%～60%；我国是世界第一农药消费大国，农药利用率却不足 30%，以 2010 年为例，我国农药施用总量 51.94 万 t，流失量高达 31.31 万 t，其对土壤、水源、空气及农副产品产生了极大危害。除焚烧农资材料、作物残体、化石燃料所排出的气体污染空气外，一些化学药品如甲基溴，还会破坏臭氧层，导致臭氧层变薄，形成臭氧空洞。

农业生产对于环境卫生要求是很高的，土壤、空气和生物多样性都应受到保护，健康的环境可以为种植出优良的作物提供条件。随着雾霾天气、水污染问题的日益严重，当前政府部门对于农业环境卫生愈加重视，禁止焚烧秸秆、农残垃圾循环利用等措施相继实施，一些新农村的面貌发生很大改观，但由于客观条件限制和不良生活习惯影响，不少村庄的环境卫生状况还是较差。

农村环境卫生状况差，且长时间得不到治理原因有以下几点。首先意识不到位，农户对环保重要性认识不到位，片面追求经济效益，缺乏可持续发展观念，忽视环境保护。其次缺乏完善的监督管理体系，农村种植面积大，治理环境范围广，需多部门协作，治理费用高昂，且没有专业清洁人员和专业工具，久而久之形成脏乱差的景象。最后，垃圾种类不断增多，过去，农村中垃圾总量不多，垃圾中可循环或可分解的东西居多，随着生产的发展、消费水平的提高，养殖、生产、建筑垃圾迅速增加，而垃圾处理方法却停留在原始状态，不是随处堆放，就是烧掉或倒入河塘。针对上述问题，农业部总结治理经验，规划明确"一控、两减、三基本"的目标来治理农业污染。"一控"，是通过工程措施和节水技术措施实现控制农业用水的总量。"两减"，则是把化肥、农药的施用总量减下来，防止或者减少过度施肥和盲目施肥，同时，通过科技研发和政策补贴，使农民用上高效、低毒、低残留的农药。"三基本"，是针对畜禽污染处理问题、地膜回收问题、秸秆焚烧的问题采取的有关措施，通过资源化利用的办法从根本上解决好这个问题。

在实际生产中，可以采取下列措施保护环境卫生：

（1）做好病虫源头控制，尽量不用或减少化学药剂的使用，用生物源药剂替代化学药剂防治病虫害。使用化学药剂时，要按照农药标签上的推荐剂量，不要随意加大用药量。

（2）使用常温烟雾机等高效施药器械，提高农药利用率，降低农药用量。

（3）施用充分发酵的腐熟有机肥作为底肥，不可过多施用含某种元素的化肥。

（4）给棚室加温时可选用太阳能等新型能源替代化石燃料。

（5）地膜、药剂包装等农业生产资料废弃物不可随意焚烧，应集中回收合理处置。

（6）使用滴灌、喷灌等新型节水装置合理灌溉，降低农业灌溉用水量。

（7）作物收获后植株残体应统一收集，采用堆沤发酵等无害化处理措施，从源头控制病虫害发生。

第十章 安全生产与劳动保护

一个高效高质量的番茄园区与工人的安全、技术水平等素质密切相关。要提高效率必须把安全放在第一位，在保障安全的基础上开展工作。工人的素质与番茄生产的产量、质量安全等密切相关，一个优秀的植保技术人员可以通过生态调控、物理防控等技术措施降低棚室中病虫害的发生程度，可以通过对病虫害发病规律了解和简单的预测预报手段，及时科学的制定病虫害预防措施，使病虫害的危害降到最低，既保证了产量，又减少了农药的使用，保障了番茄的质量安全。一个优秀的技术工人实施合理正确的农事操作，保证番茄正常旺盛的生长，提高生产产量。在农业生产中企业必须为工人提供安全的工作环境、有效的施药防护措施，进行专业的病虫害防治技术培训，采取规范化的管理，确保工人的身体健康，不断提高工人的植保技术水平，确保企业健康、良性的发展。

一、工人安全

（一）施药安全防护

1. 人员

配制和施药人员应身体健康，经过专业技术培训，具备一定的植保知识。严禁孕妇、老人、儿童、体弱多病者，经期、哺乳期妇女参与以上活动。施药人施药时应将农药标签随身携带。

2. 防护

根据农药毒性及施用方法、特点配备防护用具。施药人员应根据农药使用说明配戴相应的防护面具、防护服、防护胶靴、手套等。

（二）农药施用后安全措施

1. 警示标志

在施过农药的地块要树立明显的警示标志。

2. 剩余农药处理

（1）未用完农药制剂：剩余或不用的农药应保存于原包装中，分类存放并密封贮存于上锁的地方。不得用其他容器盛装，严禁用空饮料瓶分装剩余农药。

（2）未喷完药液（粉）：在该农药标签规定用量许可的情况下，可再将剩余药液用完。对于剩余的少量药液，应妥善处理。

3. 废容器和废包装处理

（1）直接装药的药袋或塑料瓶用完时应清洗 3 次，清洗的水倒入喷雾器中使用，避免农药的浪费和造成污染。

（2）有条件的地区设置专门的回收箱，由政府部门定期回收。不能回收处理时，冲洗 3 次，砸碎后掩埋，掩埋废容器和废包装要远离水源和居所。

（3）废农药容器不能盛放其他农药，严禁用作人、畜饮用器具。

4. 清洁与卫生

（1）施药器械清洗：不应在小溪、河流和池塘等水源地清洗，洗刷用水要倒在远离居住场所、水源和作物的地方。

（2）防护用具的处理：施药作业结束后，要立即脱下防护服及其他防护用具，装入事先准备好的塑料袋中带回处理。

（3）施药人员清洁：施药结束后，要及时用肥皂和清水清洗，更换干净衣服。

（三）农药中毒现场急救

1. 中毒自救

（1）如果农药溅入眼睛内或皮肤上，应及时用大量清水冲洗；如果眼睛受到严重刺激，应携带农药标签前往医院处理。

（2）施药期间施药人员如有头晕、头痛、头昏、恶心、呕吐等农药中毒症状，应立即停止作业，离开施药现场，脱掉污染衣服并携带农药标签前往医院就诊。

2. 中毒者救治

（1）发现人员中毒后，应将中毒者放在阴凉通风处，防止受热或受凉。

（2）应带上引起中毒的农药标签立即将中毒患者送至最近的医院进行救治。

（3）如中毒者出现呼吸停止，应立即进行人工呼吸。

二、技术培训

定期开展技术培训，积极组织工人参加农业部门组织的培训课程，例如田间学校、技术观摩培训等，邀请技术专家到园区指导，通过学习使技术人员掌握先进科学的植保和栽培技术知识。在植保方面要掌握番茄常见病虫害的识别与诊断，病虫害的发生发展规律以及科学的防治方法，掌握番茄病虫害的绿色防控技术，有很强的质量安全意识，防治好病虫害的同时要确保番茄的质量安全。栽培方面从温、湿度管理到浇水、施肥，再到打叶、授粉等，需要技术工人具有全面的技术。通过培训提高工人技术水平和素质，保证番茄的高效、安全生产，促进园区的持久发展。

参考文献

R E F E R E N C E

郑建秋 . 2013. 控制农业面源污染——减少农药用量防治蔬菜病虫实用技术指导手册 [M]. 北京：中国林业出版社 .

郑建秋 . 2004. 现代蔬菜病虫鉴别与防治手册 [M]. 北京：中国农业出版社 .

曹华 . 2014. 番茄优质栽培新技术 [M]. 北京：金盾出版社 .

郑翔，郑建秋 . 2012. 图说番茄病虫害——防治关键技术 [M]. 北京：中国农业出版社 .

李守明，王建江，王诚军，等 . 2013. 我国加工番茄产业发展中的技术瓶颈与对策 [J]. 中国蔬菜，(07):6-8.

高海生，赵希艳，李润丰，等 . 2007. 果蔬采后处理与贮藏保鲜技术研究进展 [J]. 农业工程学报，(02):273-278.

常敏 . 2003. 蔬菜贮藏保鲜实用技术（二）——番茄的贮藏技术 [J]. 中国蔬菜，(03):57-58.

康珏，左嘉伟 . 2013. 番茄贮藏保鲜技术 [J]. 四川农业科技，(01):50-51.

敖礼林，余定棣，简碧红，等 . 2012. 番茄的科学采收和贮藏 [J]. 农产品加工（创新版），(06):46.

高豪杰，贾志伟，李雯，等 . 2012. 采收成熟度与果实贮藏保鲜关系的研究进展 [J]. 安徽农业科学，(05):2897-2898, 2900.